营养关乎健康，儿童肩负希望，儿童的营养与健康不仅关乎个体的成长和发展，也是关系到国家和民族百年昌盛的大计。小学生处于生长发育的关键时期，良好的营养状况是其智力、身体素质，乃至心理发育的基础和保障；而营养不良给儿童带来的危害往往是不可逆转的，这不仅会造成儿童体格、智力发育迟缓，身体素质下降，也会大大增加成年后罹患心脑血管疾病、糖尿病、高血压等慢性病的风险。营养不良包括营养不足、微量营养素缺乏症和超重肥胖三种形式。生长迟缓、低体重、消瘦是儿童营养不足的主要表现。据教育部统计，虽然2016—2020年全国学生体质健康状况总体呈现"逐步提升"的趋势，各学段学生超重和肥胖比例呈逐年下降趋势，但膳食结构依然存在不合理的地方，儿童青少年营养不足与超重肥胖出现了两极分化现象。

党的十八大以来，习近平总书记对少年儿童健康工作多次做出系列指示，对儿童青少年健康成长给予了深切关爱。2016年8月，习近平总书记在全国卫生和健康大会上强调"要重视少年儿童健康"；2017年6月，习近平总书记在香港少年警讯永久活动中心暨青少年综合训练营考察时指出"没有青少年健康成长，国家就没有远大发展"；2018年9月，习近平总书记在全国教育大会时做出"树立健康第一的教育理念"重要指示；2020年4月，习近平总书记在陕西安康市镇中心小学考察时指出"文明其精神，野蛮其体魄"。

为了学生的健康，国家相继制定出台了《"健康中国2030"规划纲要》《国家教育"十四五"发展规划纲要》《营养与健康学校建设指南》等重要纲领性规划、政策文件，旨在推动学生营养健康工作的保障和落实。

　　被毛泽东和宋庆龄等称为"伟大的人民教育家"和"万世师表"的陶行知先生讲过"生活即教育""社会即学校""教学做合一"，学生作为主观能动性的个体，儿童营养教育应多方合力，家庭、学校、社会要共同支持儿童学习营养健康知识，"购买儿童食品就要精挑细选""安全饮食确保身心健康""科学饮食保持均衡营养""不可忽视的食品污染""谨防食物中毒"这些严肃的话题通过浅显易懂的方式，让儿童轻松愉悦的获得食品营养与安全的科学素养。《小学生食品安全简明手册》就是这样的一本好书，让小学生通过自主阅读，掌握系统化、标准化的食品安全知识和营养健康知识，潜移默化的影响其合理营养、平衡膳食。好习惯从小养成，好习惯受用一生。让我们一起行动起来，养成良好的饮食习惯，为健康助力。

北京营养师协会副理事长兼秘书长　刘兰

目录

序

一　不可不知的食品安全基本常识

二　购买儿童食品就要精挑细选

三　安全饮食确保身心健康

四 科学饮食保持均衡营养

五 | 不可忽视的食品污染

六 | 谨防食物中毒

不可不知的
食品安全基本常识

（一）什么是食品安全

食品安全指食品无毒、无害，符合应当有的营养要求，对人体健康不造成任何急性、亚急性或者慢性危害。根据世界卫生组织的定义，食品安全是"食物中有毒、有害物质对人体健康影响的公共卫生问题"。

（二）什么是食品标签

食品标签，是指在食品包装容器上或附于食品包装容器上的一切附签、吊牌、文字、图形、符号说明物。它是对食品质量特性、安全特性和食用、饮用说明的描述。

（三）食品标签的规范

1 标签的内容要齐全

包含食品名称、配料表、净含量及固形物含量、厂名、批号、日期标志等内容。

2 标签要完整

食品标签不得与包装容器分开。食品标签的一切内容，不得在流通环节中变得模糊甚至脱落；必须保证消费者购买和食用时醒目、易于辨认和识读。

3 标签须合规范

食品标签所用文字必须是规范的汉字。可以同时使用汉语拼音，但必须拼写正确，拼音字号不得大于相应的汉字。可以同时使用少数民族文字或外文，但必须与汉字有严密的对应关系，外文字号不得大于相应的汉字。食品名称必须在标签的醒目位置，且与净含量排在同一视野内。

4 标签的内容须真实

食品标签上的所有内容，不能用错误的、容易引起误解或欺骗性的方式描述或介绍食品。

（四）特殊营养食品的标签应注意的问题

特殊营养食品主要包括婴幼儿食品、营养强化食品、调整营养素的食品（如低糖食品、低钠食品、低谷蛋白食品）。

特别规定：

标签上除了标注一般的项目外，还必须标注该产品在保质期内所能保证的热量数值和营养素含量。

不得标注的内容包括：

对某种疾病有"预防"或"治疗"作用，提升个人能力等如：

"秒记""智商大幅提升""抗癌治癌"或其他类似用语。

"祖传秘方""滋补食品""健美食品""宫廷食品"或其他类似用语。

不能在食品名称前、后，冠以药物名称或以药物图形及名称暗示疗效、保健或其他类似作用。

（五）食品添加剂超标会出现的问题

食品添加剂是为改善食品品质和色、香、味，以及为防腐保鲜和加工工艺的需要而加入食品中的人工合成或者天然物质。类别繁多，有抗氧化剂、甜味剂等。

甜味剂、防腐剂使用超标

蜜饯、果脯、山楂羹、茶饮料、易拉罐装碳酸饮料。

危害 可能致癌。

色素使用超标

酱卤类制品、灌肠类制品、休闲肉干制品、五彩糖。

危害 长期食入含有着色剂的食品后，人体健康会受到影响。过量的色素添加剂还会对人体主要脏器造成损害，尤其对儿童的健康发育有一定的危害。

过氧化苯甲酰使用超标

面粉

危害 过量使用过氧化苯甲酰会使面粉中的营养物质受到破坏，还会产生苯甲酸。虽然在肝脏中苯甲酸会被分解，但过量食用对人体肝脏功能会有不同程度的损害。

（六）食品保质期和保存期的区别

保质期

保质期也称"最佳食用期"，是指在包装食品的标签上注明的贮存条件下，保持食品质量（品质）的期限。超过此期限，在一定时间内食品依然可以食用。

保存期

保存期也称"推荐最后食用日期"，是指在包装食品的标签上注明的贮存条件下，预计的终止食用日期。超过此期限，产品不宜再食用。

千万不要购买超过保存期的包装食品：过了保质期的食品未必不能吃，但过了保存期的食品就一定不能吃了！消费者在购买食品时，要特别注意食品标签上的保质期和保存期。

二

购买儿童食品
就要精挑细选

（一）购买儿童食品应注意的问题

（1）到正规商店里购买食品，不买校园周边、街头巷尾的"三无"食品。

（2）购买正规厂家生产的食品，尽量选择信誉度较好的品牌。

（3）购买时查看食品的包装、标签和认证标志。看有无注册商标和条形码。仔细查看包装上的配料表、净含量、厂名、厂址、生产日期、保质期、产品标准号等。标签不规范的产品尽量不购买。

听妈妈话，咱们到正规食品店去买！

（4）不盲目随从广告，广告的宣传并不代表科学，许多是商家利益的体现。购买的食品要适合儿童食用。

（5）不买腐败霉烂变质或过保存期的食品，慎重购买临近保质期的食品。

（6）不买比正常价格便宜过多的食品，以防上当受害。

（7）不买畸形的和与正常食品有明显色彩差异的鸡、鸭、鱼、肉、蛋、瓜、果、蔬菜等。

（8）不买来源可疑的反季节的瓜、果、蔬菜等。

（9）购买食品后索要发票。

（二）儿童多吃蔬菜、水果有益健康

儿童营养专家建议，儿童应该多吃绿色蔬菜，如：菠菜、油菜、空心菜和香菜等深色蔬菜，这对儿童的健康有益。

儿童如果摄入过多的高糖分和肉类动物性食物，体质便容易呈现酸性，内热的毛病也会诱发出来。因此，应该让孩子多吃些苦瓜、丝瓜、黄瓜、菜瓜等，以及番茄、芹菜、生菜、芦笋等蔬菜；另外，还要吃一些富含钾、钠、钙、镁等成分的杂粮和粗纤维食物，以及西瓜、梨等水果。这些蔬菜、杂粮、瓜果能补充养分，利于生津止渴，除烦解暑，排毒通便。

（三）对少年儿童健脑有益的食品种类

（1）多吃鱼、蛋黄、虾皮、紫菜、海带、瘦肉。

（2）每周吃一次动物内脏如猪肝。

（3）每天吃一些富含维生素和其他有利身体的水果如橘子、苹果、香蕉等。

（4）每天吃豆类及豆制品。

（5）每周吃蘑菇1～2次。

（6）多吃胡萝卜、菠菜。

（四）有益眼睛的食物种类

1 含有蛋白质的食物对眼睛有益

瘦肉、禽肉、鱼、虾、奶类、蛋类、豆类等，含有丰富的蛋白质。

2 含有维生素A的食物对眼睛有益

缺乏维生素A的时候，眼睛对黑暗环境的适应能力减退，严重的时候容易患夜盲症。维生素A还可以预防和治疗干眼病。维生素A的最好来源是各种动物的肝脏、鱼肝油、奶类和蛋类。由于胡萝卜素在体内可被转化为维生素A，所以多摄入富含胡萝卜素的植物性食物也能很好地补充维生素A，比如胡萝卜、苋菜、菠菜、韭菜、青椒、红心白薯，以及水果中的橘子、杏、柿子等。

3 含有维生素C的食物对眼睛有益

维生素C是组成眼球水晶体的成分之一。因此，在每天的饮食中，应该注意摄取维生素C含量丰富的食物，比如各种新鲜蔬菜和水果，其中，青椒、黄瓜、菜花、小白菜、鲜枣、梨、橘子等含量相对较高。

4 丰富的钙对眼睛是有好处的

钙具有消除眼睛紧张的作用。在豆类、绿叶蔬菜、虾皮中，钙的含量都比较丰富。青少年处于成长期，平时要多吃些豆腐、鱼等，可以增加钙的吸收。

（五）夏季儿童适宜吃的蔬菜

瓜类蔬菜中的水分是经过多层生物膜过滤的天然、洁净、营养且具有生物活性的水，是饮用水所无法替代的，大多含水量在90％以上，如：冬瓜含水量居众菜之冠，高达96％，其次是黄瓜、南瓜、丝瓜、佛手瓜、苦瓜等。夏季是瓜类蔬菜的上市旺季，要根据儿童的身体状况选择食用。

凉性蔬菜

进入夏季后，对人体影响最重要的因素是暑湿之毒，所以吃些凉性蔬菜，有利于生津止渴、清热去火、排毒通便。如苦瓜、丝瓜、黄瓜、西红柿、茄子、芹菜、生菜、芦笋、豆瓣菜等都属于凉性蔬菜，不妨经常食用。

"杀菌"蔬菜

夏季是疾病尤其是肠道传染病多发季节，这时多吃些"杀菌"蔬菜，可起到预防疾病的作用。这类蔬菜包括大蒜、洋葱、韭菜、香葱、蒜苗等。

（六）会影响儿童生长的食品

1 油炸类食品

（1）油炸淀粉类食品易导致心血管疾病。

（2）含致癌物质。

（3）破坏食物中的维生素，使蛋白质变性。

2 腌制类食品

（1）引发高血压，造成肾负担过重，导致鼻咽癌。

（2）影响黏膜系统（对肠胃有害）。

（3）易引发胃、肠溃疡和发炎。

3 加工类肉食品（肉干、肉松、香肠等）

（1）含三大致癌物质之一：亚硝酸盐（放进食物中为了起防腐和显色作用）。

（2）含大量防腐剂，会加重肝脏负担。

4 饼干类食品（低温烘烤和全麦饼干除外）

（1）食品中使用的食用香精和色素过多，对肝脏功能造成负担。

（2）严重破坏食品中的维生素。

（3）热量过多，营养成分低。

5 汽水、可乐类饮料

（1）含磷酸、碳酸，会带走体内大量的钙。

（2）含糖量过高，喝后有饱胀感，影响正餐。

6 方便类食品（主要指方便面和膨化食品）

（1）盐分过高，含防腐剂、香精，易损伤肝脏。

（2）只有热量，没有营养。

7 罐头类食品（包括鱼肉类和水果类）

（1）破坏维生素，使蛋白质变性。

（2）热量过多，营养成分低。

8 话梅蜜饯类食品（果脯）

（1）含三大致癌物质之一：亚硝酸盐。

（2）盐分过高，含防腐剂、香精，易损伤肝脏。

9 冻甜品类食品（冰淇淋、冰棒和各种雪糕）

（1）含奶油，极易引起肥胖。

（2）含糖量过高，影响正餐。

10 烧烤类食品

（1）含大量"三苯四丙吡"（三大致癌物质之首）。

（2）1只烤鸡腿＝60支香烟的毒性。

（3）导致蛋白质碳化变性，加重肾脏、肝脏负担。

（七）儿童不宜多吃的食物有哪些

　　儿童的食品范围比成人的食品范围小。儿童不宜多食以下食物：糖果、甜食、巧克力、果冻、方便面、纯净水、冷饮、银杏果等。儿童食用果冻导致窒息的事故时有发生；纯净水会引起体内各种微量元素、化合物和各种营养素的流失。

（八）如何判别伪劣食品

防"艳"　　颜色过分艳丽的食品，如目前市场上售卖的草莓像蜡果一样又大又红又亮、咸菜梗亮黄诱人、瓶装的蕨菜鲜绿不褪色等，吃时要留个心眼儿，防止食品中过量添加色素等。

防"白"　　凡是食品呈不正常、不自然的白色，十有八九会有漂白剂、增白剂、面粉处理剂等化学品的危害。

防"长"　　尽量少吃保质期过长的食品。如3℃储藏的包装熟肉及禽类食品采用巴氏杀菌的，保质期一般为7～30天，若包装上的时间远超出此范围，就要留心了。

防"小"　　要提防小作坊式加工企业的产品，这类企业的食品平均抽样合格率最低，触目惊心的食品安全事件往往在这些企业出现。

防"反" 　　防备反自然生长的食物（如反季节作物，转基因作物）。过多食用这类食物可能对身体产生影响。

防"低" 　　"低"是指在价格上明显低于一般价格水平的食品，价格太低的食品大多有"猫腻"。

防"散" 　　散就是散装食品。有些集贸市场销售的散装豆制品、散装熟食及酱菜等，可能来自地下加工厂，安全卫生难以保证。

（九）如何正确选购饮料

首先，要看清饮料包装上的标签标注、SC标志、生产日期、保质期、厂名、厂址等是否齐全，配料成分是否符合该类饮料的标准。

其次，要选择近期生产的产品。选购碳酸饮料时，要尽量选择近期生产的、罐体坚硬不易变形的产品。

最后，选购饮料要因人而异。果汁饮料有一定的营养成分，适合青少年和儿童饮用，但不能长期饮用或一次性大量饮用。

生产日期
保质期
厂名
厂址

（十）酸奶、乳酸菌饮料和酸性饮料的区别在哪里

　　酸奶不仅保存了乳中原有的成分，并通过乳酸菌的作用，使酸奶具有较多的保健功能。

　　乳酸菌饮料是以酸奶为原料，加入一定量的水、糖、果汁、香料、稳定剂等辅料调配均质后制成，其中含有一定数量的活性乳酸菌，但乳的成分相对较少，属于饮料范畴。

　　酸性饮料属于非发酵型的饮料，以鲜奶或奶粉为原料，添加水、糖、稳定剂、有机酸、果汁等辅料调制而成。

（十一）选购奶制品时应注意什么

首先，购买奶制品时应选用正规、有一定知名度和规模的生产厂家的产品。

其次，在购买奶制品之前，弄清楚产品的标识、产品说明、产品的生产日期及保质期，以及产品的真实属性，即分辨产品是纯牛奶、调味乳、乳饮料或其他的类型。

最后，未成年人应选用儿童酸奶、中小学生奶粉。尽量喝牛奶，最好是含牛磺酸的儿童专用配方奶，而不是麦乳精类调和乳制品。

三

安全饮食
确保身心健康

（一）保证饮食安全应当注意的问题

（1）食品一旦煮好就应立即吃掉。食用在常温下已存放4小时以上的食品存在安全隐患。

（2）未经烧熟的食品通常带有可诱发疾病的病原体，因此，食品必须煮熟才能食用，特别是家禽及其他肉类。

（3）食品煮熟后不能一次全部吃完，如果需要把食品存放4小时以上，应经高温灭菌后或低温条件下保存。

（4）存放过的熟食必须重新加热才能食用。

（5）不要把未煮过的食品与煮熟的食品互相接触。这种接触无论是直接的或间接的，都会使煮熟的食品重新带上细菌。

（6）保持厨房清洁。烹饪用具、刀叉餐具等都应洗净，再用干净的布擦干净。

（7）处理食品前先洗手。

（8）不要让昆虫、兔、鼠和其他动物接触食品，因动物常带有致病微生物。

（9）饮用水和准备制作食品时所需的水应纯洁干净。如果怀疑水不清洁，应把水先煮沸或消毒处理后再使用。

（二）如何避免水果、蔬菜的农药残留

（1）以水果、蔬菜专用清洗配方液清洗水果、蔬菜。

（2）尽量选购时令盛产的水果、蔬菜。

（3）在节庆日前后，应避免抢购水果、蔬菜，以防止有人为抢收水果、蔬菜，加重农药喷洒剂量。

（4）可选购信誉良好的厂家、商家的水果、蔬菜加工品，这些水果、蔬菜已除去大部分的农药。

（5）外表不平或多细毛的水果（如猕猴桃、草莓等）较易沾染农药，食用前要清洗干净，可去皮的瓜果一定要去皮。

（6）可选购含农药概率较小的水果、蔬菜，如具有特殊气味的洋葱、大蒜、罗勒；对病虫害抵抗力较强的龙须菜；需去皮才可食用的马铃薯、甘薯、冬瓜、萝卜；或套袋栽培的果蔬。

（7）当发现水果、蔬菜表面有斑痕，或有不正常、刺鼻的化学药剂味道时，表示可能有残留农药，应避免选购。

（8）连续性采收的农作物，如菜豆、豌豆、韭菜、小黄瓜、芥蓝等，是需要长期且连续喷洒农药的，购买回来后，应特别增加对这些食物的清洗次数及时间，以降低其农药残留量。

（三）清除水果、蔬菜上农药残留的方法

1.清水浸泡洗涤法

先将水果或蔬菜用清水冲洗掉表面污物，然后用清水浸泡不少于30分钟。必要时可在水中加入水果蔬菜洗剂之类的清洗剂，以增加农药的溶出，再用流水冲洗干净。

2.碱水浸泡清洗法

在500毫升清水中加入食用碱5~10克，配制成碱水，将初步冲洗后的水果或蔬菜置入碱水中。根据菜量多少配足碱水，浸泡5~15分钟后用清水冲洗，重复洗涤3次左右效果更好。

3.加热烹饪法

将清洗后的蔬菜放置于沸水中2分钟左右后立即捞出，然后用清水洗1~2遍后，即可置于锅中烹饪成菜肴。

4．去皮法

对于带皮的水果、蔬菜，可以用锐器削去皮层，这样就除去了残留了农药的外皮，食用肉质部分，这样既可口又安全。

5．储存保管法

某些农药在存放过程中会随着时间推移缓慢地分解为对人体无害的物质。所以，有条件时，对某些适合于贮存保管的果品购回后存放一段时间（10～15天），食用前再清洗并去皮，可达到更好的效果。

（四）易拉罐饮料对少年儿童有危害

  备受孩子们喜欢的易拉罐是以铝合金为材料制成的。为避免铝合金与饮料接触，罐的内层要涂上有机涂料以作隔离。有些厂家在生产过程中，会出现涂料未全涂满罐壁，或者在封盖、灌装和运输途中出现涂层破损，这样就会导致饮料与铝合金直接接触，而使铝离子溶于饮料中。

  有调查显示，易拉罐装饮料比瓶装的饮料中铝含量高出3~6倍。人常饮易拉罐饮料，易造成铝摄入过多。铝过多可能导致少年儿童智力下降、行为异常，不利于少年儿童骨骼及牙齿发育。

（五）营养补品千万不能随意吃

家长们认为，给孩子吃补品会促进生长发育，更希望通过营养补品来提高孩子的智力，因此会选购各种营养滋补剂，如含有人参、鹿茸、阿胶、冬虫夏草等的营养品。

孰不知，这些补品对成年人可能有益，但对少年儿童却易引发很多不良的后果，如食欲下降和性早熟。因为这些补品中含有激素和微量活性物质，对少年儿童正常的生理代谢有影响。

如果孩子确实身体比较弱，最好在医生的指导下补充营养品，不能自己随意给孩子吃，否则只会拔苗助长。

（六）长期过量食用冷饮有损健康

一次让少年儿童吃4～5个冰淇淋，或喝掉2～3瓶汽水，这对他们的健康非常不利。暑天人体胃酸分泌减少，消化系统免疫功能有所下降，而此时的气候条件恰恰适合细菌的生长繁殖，也成了消化道疾病高发季节。

过量食用冷饮会使人的胃肠道内温度骤然下降，局部血液循环减缓等症状，影响对食物中营养物质的吸收和消化，甚至可能导致儿童消化功能紊乱、营养缺乏和经常性腹痛。

另外，冷饮市场有一些产品的卫生状况很差，不符合卫生标准。在这种情况下，过食冷饮会增加儿童患消化系统疾病的机会。

（七）彩色汽水会影响体格发育

合成甜味剂

合成色素

合成香精

碳酸水

　　五颜六色的汽水中主要成分是人工合成的甜味剂、香精、色素，经加入二氧化碳气体制成的碳酸水。这样的汽水中除含一定的热量外，几乎没有什么营养。因为甜味剂包括糖精、甜蜜素、安赛蜜和甜味素等，这些物质不能被人体吸收利用，不是人体需要的营养素，对人体无益，多饮用对健康有害。

　　那些色泽特别鲜艳的汽水里面含有的人工合成色素和香精，会给孩子带来潜在伤害。因为过量色素和香精进入儿童身体内后，容易沉着在他们未发育成熟的消化道黏膜上，引起食欲下降和消化不良，干扰体内多种酶的功能，对新陈代谢和体格发育造成不良影响。

　　此外，一些彩色冰棍、彩色冰砖、彩色袋冰等也和彩色汽水一样，对儿童的发育有害而无利，尽量不要食用。

（八）膨化食品尽量少吃或不吃

油炸薯条、雪饼、薯片、虾条、虾片、鸡条、玉米棒等，是少年儿童最喜欢的膨化食品。检测显示，膨化食品虽然口味鲜美，但从成分结构看，属于高油脂、高热量、低粗纤维的食品。

如果长期大量食用膨化食品会造成油脂、热量吸入高，粗纤维吸入不足。若再加上运动不足，对少年儿童就会造成脂肪积累，出现肥胖。

若经常食用膨化食品，会影响正常饮食，导致多种营养素得不到保障和供给，易出现营养不良。膨化食品中普遍含高盐，高味精，过多食用后，对孩子成年体质有一定的影响，易患高血压和心血管病，这对孩子的成长是不利的。

（九）可乐、咖啡不宜多喝

常饮咖啡和含咖啡因的饮料，对少年儿童身体健康不利。咖啡因实际上是一种兴奋剂，可对人体中枢神经系统产生作用，会刺激心脏肌肉收缩，加速心跳及呼吸。

少年儿童如果摄入了过多的咖啡因，会出现头疼、头晕、烦躁、心跳加快、呼吸急促等症状，严重的还会导致肌肉震颤，写字时手发抖。

咖啡因的刺激性能使胃肠壁上的毛细血管扩张，刺激人体胃部蠕动和胃酸分泌，引起肠痉挛。常饮咖啡容易发生不明原因的腹痛。长期过量摄入咖啡因会导致慢性胃炎，骨骼发育也会受到影响。

同时，咖啡因还会破坏机体内的维生素B_1，引起维生素B_1缺乏症。

（十）常吃果冻会阻碍营养吸收

市场上销售的果冻，绝大多数并不是用水果制成的，而是采用海藻酸钠或琼脂、明胶、卡拉胶等增稠剂，加入少量人工合成的添加剂如香精、人工着色剂、甜味剂、酸味剂等配制而成。

海藻酸钠、琼脂等虽然属膳食纤维类，但吸收过多时，会影响人体对脂肪、蛋白质的吸收，尤其是会使铁、锌等无机盐结合成可溶性或不可溶性混合物，从而影响机体对微量元素的吸收和利用。

（十一）"洋快餐"营养单一，不可多吃

　　"洋快餐"来自国外，它以油炸、煎烤为主，具有"三高"——高热量、高脂肪、高蛋白；"三低"——低矿物质、低维生素、低纤维的特点。高热量、高脂肪会导致人体肥胖。对少年儿童而言，吃"洋快餐"的影响会更加明显，若长期食用，会对身体发育产生不良影响。

　　因为"洋快餐"营养结构单一，常吃可导致高血压、高血脂等疾病，欧洲、美洲、日本等一些发达国家已经把炸鸡等快餐食品视为垃圾食品。

（十二）含糖食品怎么吃

夏日饮品中多富含糖分，孩子多吃后易患皮肤炎症和多种疾病。含糖食品吃多了，会影响孩子吃正餐，造成营养不良。所以喝含糖饮料每天最好不超过100毫升。

（十三）哪些水不能喝

生水

　　生水中含有各种各样对人体有害的细菌、病毒和人畜共患的寄生虫，喝这样的水很容易引起急性胃肠炎、病毒性肝炎甚至引发伤寒、痢疾及寄生虫感染。

未煮开的水

　　人们饮用的自来水，都是经氯消毒处理过的。氯处理过的水中含有卤化氢、氯仿等有毒的致癌化合物。当水温达到100℃时，这两种有害物质会随蒸汽蒸发而大大减少，而且能杀死水中绝大部分病菌和寄生虫。

（十四）喝牛奶会导致
高血脂和发胖吗

　　一般情况下，引起高血脂及发胖的主要有遗传因素、高热量摄入、不良生活习惯及缺乏运动等原因。成年人一般每日需要10 000千焦耳的热量，而一袋（250毫升）牛奶中含有720千焦耳热量，只为人体提供了7%左右的热量，其中50%的热量是由乳脂肪提供的，而乳脂肪极易消化分解，很难在体内沉积。所以，喝牛奶不会引起发胖。

　　牛奶中含有抑制胆固醇合成的低分子化合物。另外，牛奶中含有的乳清酸可改善脂肪代谢、丰富的钙质也可以减少胆固醇的吸收，在这些成分的协调作用下，不仅不会使人体的血脂升高，相反有降低血脂的作用。

四

科学饮食
保持均衡营养

（一）少年儿童应养成哪些饮食卫生习惯

1 一些饮品中含有防腐剂、色素等，经常饮用不利于少年儿童的健康，因此要养成喝白开水的习惯。

2 养成良好的饮食卫生习惯，预防肠道寄生虫病的传播。

3 生吃的蔬菜和水果要洗干净后再吃，以免造成农药中毒。

4 选择食品时，要注意食品的生产日期、保质期。

5 不吃无卫生保障的生食食品，如生鱼片。

6 不吃无卫生保障的街头食品。

7 少吃油炸、烟熏、烧烤的食品，这类食品如制作不当会产生有毒物质。

（二）怎样养成良好的饮食习惯

1. 合理分配三餐

　　一日三餐的食量分配要适应人体生理状况和生活需要。最好的分配比例应该是3：4：3。如果一天需要吃500克食物的话，早晚各吃150克，中午吃200克比较合适。

2. 荤、素搭配适当

　　荤食中蛋白质、钙、磷及脂溶性维生素优于素食；而素食中不饱和脂肪酸、维生素和纤维素又优于荤食。所以，荤食与素食适当搭配，取长补短，才有利于人体健康。

3. 不挑食和偏食

　　人体所需要的营养物质是由各种食物提供的，没有任何一种天然食品能包含人体所需要的全部营养物质。单吃一种食物，不管吃的数量多大，营养如何丰富，也不能维持人体的健康，所以饮食要全面、均衡。

4. 不暴饮暴食

　　暴饮暴食常常会破坏胃肠道的消化吸收功能，引起急性胃肠炎、急性胃扩张和急性胰腺炎，而且由于膈肌上升，还会影响心脏活动，诱发心脏病等。严重时还会发生生命危险。

（三）如何让饮食科学又合理

1. 淡些，再淡些

过多吃盐不仅会引起血压高，还会引起其他病变，如引起胃炎、消化性溃疡，还会直接损伤全身各处的血管壁，引起血管硬化，导致心肌梗死或肾脏功能衰退。儿童每天的食盐摄入量应控制在6克以下，才是安全的。

2. 每人每天一瓶牛奶

牛奶除了提供人体所必需的优质动物蛋白质等营养素外，还富含钙。牛奶中钙和磷搭配的好，有利人体对钙的吸收。

3. 每周至少吃一次海鱼

海鱼中含有较多的ω-3不饱和脂肪酸，它有调脂、降低血小板聚集、降低血黏度的作用，并具有很强的抗炎效果。

4. 以鸡肉、鸭肉代替猪肉

从合理膳食的角度来看，鸡、鸭肉比猪、牛、羊肉好得多。提倡用鸡、鸭肉代替猪肉，既可以减少脂肪摄入，又可保证足够动物蛋白摄入量。

5. 增加豆类及豆制品的摄入量

豆类食品含丰富的优质蛋白质、不饱和脂肪酸、钙、磷、铜、钾、硒等元素及B族维生素，对人体的好处是多方面的。

6. 每人每天最好能吃进500克蔬菜水果

蔬菜水果中纤维素含量普遍较高，纤维素可以促进肠蠕动，缩短废物或有害物质在肠道内的停留时间，还有抑制胆固醇、降低血糖的功效。

7. 菌菇类食品要多食

香菇、冬菇和黑木耳等菌菇类食品不仅味道鲜美，而且含人体必需的氨基酸和多种微量元素。所含的多种酶有抗恶性肿瘤、提高人体免疫力的功效。

8. 饭要吃好

人体一切活动都需要热量。米、面等谷类食物是提供热量的主要来源，如每天谷类摄入不足，只用蛋白质充当产热物质，这样的做法既不经济，又加重机体负担，影响健康。

（四）妨碍少年儿童发育的饮食习惯有哪些

1.不定时定量进食

若饮食不定，一是进食时常因食欲不佳而吃得较少，或因饥饿过度而狼吞虎咽，这些做法都容易引起胃病。一定要养成定时定量进食的习惯。

2.偏食

体内特别需要蛋白质、钙质及铁质，偏食往往会导致营养不均衡，进而影响其正常发育，尤其缺少铁质容易造成贫血。

3.吃高糖、高盐、高脂肪的食物

常吃含糖分过多的食物，容易发胖，影响身体活动及智力；吃高盐的食物容易引起高血压；而高胆固醇及高脂肪食物则对心脏不利。

4.迷恋快餐食品

快餐食品往往色艳味香，很受少年儿童欢迎。但这些食品大都高热量、高脂肪而少纤维质，常吃会引起营养不均衡，影响少年儿童的生长发育。

5.滥服补药

　　平时要注意进行适量的运动，遵守良好的作息时间，安排营养丰富、均衡的饮食，以保证健康成长。在特殊情况下需进补维生素时，应在医生指导下服用。身体发育正常时，没必要浪费金钱追求其他所谓的"健康补品"，这些很可能不补身体反而对身体有害。

6.食品中的添加剂未引起重视

"三精"（糖精、香精、食用色精）在食品中的使用是有国家标准的，过量食用，会引起副作用。

7.分不清食品的成分和功能

许多人往往分不清乳制品与乳酸菌类饮料的区别。乳酸菌饮料适用于肠胃不太好的少年儿童。选择不当，容易引起肠胃不适等症状。

8.过分迷信进口食品

进口儿童食品也并非十分完美。如今的国产儿童食品，许多已达到出口标准，因而不能迷信于一个"洋"字。

9.用乳饮料代替牛奶，用果汁饮料代替水果

常有家长们受广告的影响，会用"钙奶、果奶"之类的乳饮料代替牛奶，用果汁饮料代替水果给孩子增加营养。实际上，这些都无法代替牛奶和水果带给孩子的营养。

10.用甜饮料解渴，餐前必喝饮料

甜饮料中含糖量在10%以上，饮后具有饱腹感，妨碍儿童正餐时的食欲。若要解渴，最好饮用白开水，它不仅容易吸收，而且可以帮助身体排除废物，还不会增加肾脏的负担。

11.吃大量巧克力、甜品、冷饮

巧克力、甜品、冷饮中含有大量糖分和添加剂，而这类食品中恰恰维生素、矿物质含量低，食后会加剧营养不平衡的状况，引起儿童虚胖。

12.长期食用"精食"

儿童长期进食精细食物，就会减少B族维生素的摄入，进而影响神经系统发育，还有可能因为铬元素的缺乏而"株连"视力——体内铬含量不足会使胰岛素的活性减退，调节血糖的能力下降，致使食物中的糖分不能正常代谢而滞留于血液中，导致眼睛屈光度改变，最终造成近视。

（五）吃粗纤维食物对孩子长牙有利吗

　　人在进食粗纤维食物时，需经反复咀嚼才能吞下去，细细咀嚼有利于牙齿发育和预防牙病。随着生活水平的提高，孩子们吃的东西愈来愈高档，愈来愈精细。像白菜、萝卜、芹菜、韭菜之类的蔬菜一般都吃得少了，而这些蔬菜恰恰是粗纤维食品。可以适当给孩子吃些甘蔗、五香豆等粗硬的食物。要教育孩子用两侧磨牙一起咀嚼，不要只用一侧偏嚼，以免引起牙排列不齐和面部不对称，影响孩子的容貌和语言、呼吸、咀嚼等功能。

（六）儿童吃山楂是否越多越好

　　山楂能促进人体胃液分泌，帮助消化，是临床上常用的一味消食药。然而，营养专家发现，儿童进食过多的山楂制品不利于健康。尤其目前市场上出售的山楂制品含有大量的糖分，儿童进食过多，会吃进较多的糖和淀粉，这些糖和淀粉经消化吸收后使儿童的血糖保持在较高的水平，如果这种较高的血糖维持到吃饭时间，则使儿童没有饥饿感，影响进食。由于山楂提供的能量有限，营养单一，长时间大量食用会导致儿童营养不良、贫血等。中医认为，山楂只消不补，脾胃虚弱者更不宜多食。

（七）白开水是儿童的最佳饮品

饮白开水不光能满足儿童对水的生理需要，还能为他们提供一部分矿物质和微量元素。不管是碳酸饮料、营养保健型饮料，还是纯净水和矿泉水，都不宜代替自来水作为人的主要饮用水。烧开的自来水冷却到25 ~ 35℃时，水的生物活性增加，最适合人的生理需要。

儿童正在生长期，代谢比较快，对水的需求量相对比成人多，因此，对水、矿物质、微量元素缺乏或过多，都会影响身体健康。爱喝饮料不喝白开水的孩子，常常食欲不振、多动，脾气乖张，身高体重不足。

（八）剩菜必须彻底加热后才能食用

　　家庭中各种剩菜应尽早放入冰箱冷藏，再食用时要彻底加热，这是消除微生物的最好办法。剩菜在贮存时微生物也许已经生长繁殖，一般的贮存仅能减慢微生物的生长，并不能杀灭它们。所以家庭中的菜肴应尽量当餐食用。

　　彻底加热，是指食品所有部位的温度要在70℃以上，通常情况下可保证食品卫生质量。但是新鲜蔬菜最好不隔餐、隔夜食用。各种叶菜类尤其如此，如白菜中含有大量的硝酸盐，吃剩的白菜经过一夜后，由于细菌的作用，无毒的硝酸盐会转化为剧毒的亚硝酸盐。亚硝酸盐可使人体血液中的低铁血红蛋白氧化成高铁血红蛋白，引起头痛、头晕、恶心、呕吐、心慌等中毒症状。亚硝酸盐还是一种致癌物质。

（九）饮用牛奶应注意什么

（1）不宜空腹饮。空腹饮奶使牛奶在肠胃中停留的时间过短，过快地进入排泄系统，从而影响营养成分的全面吸收。饮牛奶时要同时吃些点心，如面包、饼干之类，以利延长牛奶在消化系统内停留的时间。

（2）不宜饮冰牛奶。将牛奶冷藏或加冰块饮用，虽然口感爽，但冰牛奶对肠胃有刺激性，易引发腹泻。

（3）不宜温藏。有些人图省事，将牛奶早上煮好后，装入保温瓶中存放，想喝时再倒出来饮用。殊不知，牛奶这种营养丰富的饮料，在温度适宜的环境中，极易滋生细菌，导致牛奶腐败变质。

（4）宜煮开后喝。袋奶采用85℃左右的巴氏灭菌法，达不到高温瞬间彻底灭菌，故袋奶中残留有细菌。因此，喝袋奶必须煮开了再喝。

（5）不宜久煮。有人将牛奶煮沸时间过长，其实这样不好。因为煮牛奶一般要放糖，煮时过长，奶中的赖氨酸与糖在高温下会产生一种难以被人体消化吸收的物质。

（6）不宜饮结块奶。牛奶中若出现块状或絮状性物质，不宜再饮用，因为这样的牛奶已变质。

（7）不宜与含鞣酸的食物同吃。浓茶、柿子等均含鞣酸，鞣酸与牛奶反应后会结块成团，影响消化。而牛奶与香菇、芹菜、银耳等配合食用，对健康大有益处。

（8）喝牛奶以每天早、晚为宜。清晨饮奶能充分补充人体能量，晚上睡前喝奶具有安神催眠作用。

（9）有些人喝牛奶后，会出现肠鸣、腹痛甚至腹泻等现象，这主要是由于牛奶中含有乳糖，而乳糖在体内分解代谢需要有乳糖酶的参与。有些人因体内缺乏乳糖酶，喝进牛奶后使乳糖无法在肠道内消化，从而造成肠鸣、腹痛甚至腹泻等现象，在医学上称之为"乳糖不耐症"。

（十）如何留住蔬菜中的维生素C

1.现购现吃

蔬菜越新鲜含维生素C越高。储存过久，蔬菜中的氧化酶能使维生素C氧化而失去效用。

2. 先洗后切

洗蔬菜时，如果先切后洗，蔬菜切断面溢出的维生素C会溶于水而流失。切好的菜要迅速烹调，放置稍久也易导致维生素C的氧化。

3. 急火快炒

维生素C会因加热过久而严重破坏。急火快炒，可减少维生素C的损失。

4. 淀粉勾芡

烹调蔬菜时可加少量淀粉，淀粉中的谷胱甘肽有保护维生素C的作用。

5. 焯菜水要多

焯菜时应火大水多，在沸水中迅速翻动后便捞出，这样可减少维生素C的破坏。

6. 忌铜餐具

有的餐具中含铜离子，在烹调或装菜时，铜离子可使蔬菜中的维生素C氧化加速。因此，在选择餐具时，应尽量避免使用此类餐具。

（十一）纯果汁能完全代替水果吗

虽然纯果汁比普通的果汁饮品具有更好的口味并保留了较多的维生素C，但它还是不能与水果等同，代替不了水果。

1. 不含纤维素

　　果汁中不含纤维素，而水果中都含有较多的纤维素。纤维素虽然不为人体消化吸收，但会增加肠道蠕动，促进排便。食物中缺乏纤维素不仅会引起肠功能紊乱，容易发生便秘，而且会使肠道内厌氧菌繁殖增多，有害物增多，这也是导致结肠癌的原因之一。

2. 含糖量高

　　果汁含糖量高，吃完饭再喝果汁，会增加热量的摄入，这对于营养比较充足或需要减肥的人来说，显然不是理想的食品。水果中保持着天然的营养物质，于健康十分有益，加之吃水果时增加了牙的咀嚼力和面部肌肉的活动，同时增加唾液的分泌，这些都有益于牙的健康和面部的美容，这些用果汁都无法代替。

（十二）不宜空腹食用的水果有哪些

柑橘　　柑橘含有大量的糖分和有机酸，空腹吃会对胃黏膜造成不良刺激，使脾胃满闷、嗝酸、吐酸水。

香蕉　　香蕉含有较多的镁元素。空腹吃香蕉，会使人体中的镁骤然升高而破坏了机体血液中的镁、钙平衡，对心血管产生抑制作用，不利于身体健康。

柿子　　柿子含有柿胶酚、单宁酸和鞣红素，它们有很强的收敛作用。如果空腹一次食入过多柿子，在胃酸的作用下，柿胶酚，单宁酸、鞣红素与食物中的纤维素、残渣混合凝固成团，会形成大小不等的胃柿石，小的可随粪便排出，大的则会堵塞胃的幽门，形成柿石症。此类患者会出现上腹饱胀、灼烧、疼痛、恶心、呕吐，重时可发生胃机械性阻塞。

（十三）水果能代替蔬菜吗

大多数水果中含的糖类是葡萄糖、果糖和蔗糖一类的单糖和双糖，吃多了容易造成人体血液中血糖浓度急剧上升，使人精神不稳定，感到不舒适。而吃蔬菜，即使吃的是根茎类的（多糖为主），由于吃后在体内慢慢消化，逐渐吸收，人体内的血糖浓度上升、下降的波动就不会很剧烈。

葡萄糖、果糖、蔗糖进入人体肝脏后，很容易转变成脂肪，使人发胖。尤其是果糖，在肝脏中更容易合成脂肪，还会使血液中甘油三酯和胆固醇升高，对人的心血管有害。

水果和蔬菜虽然都含有维生素C和矿物质，但在含量上还是有差别的。除了含维生素C多的鲜枣、山楂、柑橘等外，一般水果如苹果、梨、香蕉、杏等所含的维生素和矿物质都比不上蔬菜，特别是绿叶蔬菜。因此，要想获得足量的维生素还必须吃蔬菜。

（十四）常吃大豆和豆制品的好处

抗癌防癌。大豆及豆制品中含有极为丰富的人体必需的营养要素，如8种氨基酸及钙、磷、铁、锌等重要微量元素，同时还含黄酮类化合物和植物激素，经科学实验证实，这些元素具有抗癌、防癌作用。

防治骨质疏松症。大豆所含的优质蛋白质能良好地增进人体骨骼的形成，在短期内能增加骨的密度，从而促进骨骼的健壮。

防治心脑血管疾病。一般每天进食大豆优质蛋白质50克，可获得中等水平或高水平的异黄酮，食用6个月后，可降低患心脑血管病的危险性。

（十五）饮用豆浆应注意什么

1. 一定要将豆浆彻底煮开

当豆浆煮至85～90℃时，其中所含的皂素因受热膨胀而产生大量气泡，易出现"假沸现象"。如果此时误以为豆浆已煮沸，饮用后就容易发生恶心、呕吐、腹泻等血细胞凝集素中毒症状。

2. 豆浆中不能冲入鸡蛋

有人喜欢在煮豆浆时冲入鸡蛋，但鸡蛋清会与豆浆里的抗胰蛋白酶因子结合，产生不利于人体消化吸收的结合物。

3. 不要空腹饮豆浆

空腹饮用豆浆，豆浆里的蛋白质大多都会在人体内转化为热量而被消化掉，不能充分起到补益作用。

4. 不要用保温瓶储存豆浆

用保温瓶储存豆浆，经过3～4个小时即可使豆浆酸败变质。变质的豆浆不能饮用。

5. 不要过量饮豆浆

一次饮用豆浆过多，易引起过食性蛋白质消化不良，出现腹胀、腹泻等不适反应。

6. 饮用新鲜豆浆

由于豆浆的蛋白质含量丰富，易导致细菌繁殖，对人体不利。因此，最好饮用新鲜并煮透的豆浆。

（十六）大豆食品怎样搭配营养更高

大豆与玉米混食：将25％的大豆与75％的玉米混合在一起，磨成粉，用其熬成粥、糊或制成各类食品，生物学价值就可提高到76％左右，其营养价值也很高。

豆腐配海带：大豆含有的皂角苷物质能阻止容易引起动脉硬化的过氧化脂质的产生，能抑制脂肪的吸收，促进脂肪的分解，促进排碘。同时，海带中富含碘，而缺乏碘，人易患甲状腺功能亢进，因此，豆腐配吃海带就解决了这个问题。

大豆排骨汤：大豆蛋白质中的赖氨酸含量较高，蛋氨酸含量较低；而排骨蛋白质中的蛋氨酸含量却较高，两者搭配食用时，氨基酸可互相补充，提高蛋白质的营养价值。另外，大豆中铁含量丰富，排骨中也含铁，两者同食对人体补铁更有益。

不可忽视的
食品污染

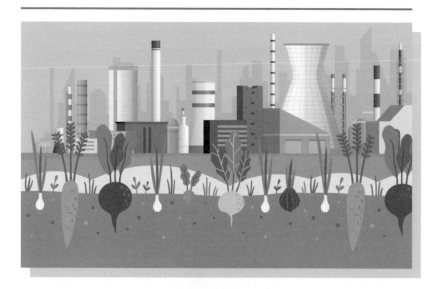

（一）什么是食品污染

　　食品污染是指食品及其原料在生产和加工过程中，因农药、废水、污水、病虫害和家畜疫病所引起的污染；霉菌毒素引起的食品霉变；运输、包装材料中有毒物质和多氯联苯、苯并芘等造成对食品污染的总称。

（二）食品污染的分类

生物性污染

　　主要指病原体的污染。细菌、霉菌以及寄生虫卵侵染蔬菜、肉类等食物后，都会造成食品污染。在受潮霉变的食物上，能生长一种真菌——黄曲霉。黄曲霉能产生一种剧毒物质——黄曲霉毒素，这是一种强烈的致癌物质。霉菌毒素的污染，可能是世界上某些湿热地区肝癌高发的重要原因。

化学性污染

　　是指有害化学物质的污染。在农田、果园中大量使用化学农药，是造成粮食、蔬菜、果品化学性污染的主要原因。这些污染物还可以随着雨水进入水体，然后进入鱼、虾体内。当湖泊受到农药污染后，水中的鱼类身体变形，烹调后药味浓重，被称为"药水鱼"。这类"药水鱼"曾造成数百人中毒。另外，有些农民在马路上晾晒粮食，容易使粮食沾染马路上的沥青挥发物，从而对人体健康产生不利影响。

物理性污染

　　是指有杂物污染。污染物可能不直接威胁人体健康，但影响食品的感官性状或营养价值。

（三）食品污染的来源

（1）工业废弃物污染农田、水源和大气，导致有害物质在农产品中聚积。

（2）随着农业生产中农药使用量的增加，一些有害的化学物质残留在农产品中。

（3）食品生产、加工过程中，一些化学添加剂、色素的不适当使用，使食品中有害物质增加。

（4）贮存、加工不当导致的微生物污染。

（四）食品污染的危害

食物的生产、加工、运输、销售、烹调等每个环节，都可能受到环境中各种有害物质污染，以致降低食品营养价值和卫生质量，给人体健康带来不同程度的危害。食用被污染的食品导致机体损害，常表现为以下几点。

（1）急性中毒、慢性中毒以及致畸、致癌、致突变的"三致"病变。

（2）造成急性食品中毒。

（3）引起机体的慢性危害。

（五）如何避免儿童饮食中可能有的生物性污染

食品的生物性污染主要包括寄生虫性的、细菌性的、真菌性的、病毒性的和由此引起的有毒代谢产物，这些污染易引起儿童食物中毒和胃肠疾病，是危险性较大的一类儿童食品安全问题。为避免此类污染，家长需特别注意以下几点。

（1）不给儿童吃生海鲜、涮羊肉。

（2）不食用除鱼脑以外的动物性脑组织。

（3）不吃不新鲜的蔬菜、水果。

（4）凉拌菜充分清洗、消毒。

（5）不让儿童吃剩饭、剩菜。

（6）因微波炉加热食物不均匀，慎用微波炉给儿童制作食品。

（7）制作好的食物尽快食用，放置不超过两个小时（夏季不超过1个小时）。

（8）因一些菌可以在低温下繁殖，所以冰箱不是保险箱，存放食品有一定的期限。打开的罐头、果酱、沙拉酱在冰箱中存放后不可给儿童直接食用；打开的果汁在冰箱中存放不应超过1天。

（9）少给儿童食用含沙拉酱的夹馅面包。

（10）夏季谨慎食用冰棍、冰淇淋等冷冻食品。

（11）不给儿童吃熟食肉制品及熟食凉拌菜。

（12）儿童的餐具要经常消毒。

（13）不吃超过保质期的食品。

（14）不吃霉变食物。

（15）科学制作儿童食物，加热要彻底，尤其是海产品。

（六）如何避免儿童饮食中的化学物质污染

　　食品中的化学污染物有农药残留、兽药残留、激素、食品添加剂、重金属等。

　　农药残留、兽药残留和激素对儿童有危害，可使儿童使肠道菌群的微生态失调，有发生腹泻、过敏、性早熟等的风险。因此，蔬菜、水果要清洗干净、削皮，选择正规厂家出产的动物性食品原料，不吃过大、催熟的水果、蔬菜，这些都十分重要。

　　食品添加剂的泛滥是儿童食品中化学污染的主要问题。街头巷尾的小摊小贩，学校周围的食品摊点，都在出售着没有保障的、五颜六色的、香味浓郁的劣质食品。近年来，医学界发现的中学生肾功能衰竭、血液病等病例，已证实了儿童时期食用过多劣质小食品的危害。

　　对儿童的铅污染问题值得关注。与铅有关的食品有松花蛋、爆米花；有关的餐具有陶瓷类制品、彩釉陶瓷用具及水晶器皿。含铅喷漆或油彩制成的儿童玩具、劣质油画棒、图片是铅暴露的主要途径之一，因此，儿童经常洗手十分必要。另外，要避免食用包装袋内含卡片、玩具的食品。

（七）家庭如何预防食品腐败变质

　　家庭中做好预防食品腐败变质、搞好食品加工和贮藏过程中的卫生非常重要。

　　食品加工过程中要避免食品被细菌污染，要防止头发掉入食品，不对着食品打喷嚏，加工食品前要洗手，保持加工食品的环境清洁，器具应消毒。

　　食品烹饪时要煮熟，低温保存时要在10℃以下。自家粮食在贮藏过程中要注意防霉菌污染，因为霉菌可导致粮食腐败变质。简单的办法是通风，还要做好防鼠、防虫工作。

谨防食物中毒

（一）什么是食物中毒

食物中毒是指摄入含有有毒有害物质或把有毒有害物质当作食物摄入后所出现的非传染性的疾病，属于食源性疾病的范畴。

食物中毒既不包括因暴饮暴食而引起的急性胃肠炎、食源性肠道传染病（如伤寒）和寄生虫病（如囊虫病），也不包括因一次大量或者长期少量摄入某些有毒有害物质而引起的，以慢性毒性为主要特征（如致畸、致癌、致突变）的疾病。

（二）食物中毒有哪些特征

　　食物中毒有多种类型，而其病状表现大都相似，主要有恶心、呕吐、腹痛、腹泻、头晕、乏力等。

　　发生严重的食物中毒可危及生命，因此一旦出现此类事故，应立即请医生救治。发生食物中毒的地方，禁止此地的食物再食、再售、转移和改制，并立即向所在地区食品卫生监督机构报告。

（三）食物中毒的种类有哪些

1.细菌性食物中毒

是指人们食用被细菌或细菌毒素所污染的食物而引起的急性中毒性疾病。

2.真菌毒素中毒

是指真菌在谷物或其他食品中生长繁殖产生有毒的代谢产物，人食用这种毒性物质后发生的中毒。用一般的蒸、煮等加热处理不能破坏食品中的真菌毒素。

3.动物性食物中毒

是指食入含有有毒成分的动物食品引起的中毒，如：河豚鱼中毒、鱼胆中毒等。

4.植物性食物中毒

是指因误食有毒植物引起的中毒，如毒蘑菇中毒等。

5.化学性食物中毒

是指人们食用被有毒有害化学品污染的食品引起的中毒。

（四）引起食物中毒的 危险因素有哪些

食物中毒首先应有中毒的食物，并且该食物中带有足够剂量的致病因子，具备了这两条，即可引起食物中毒。经分析，引起食物中毒常见的因素有以下几点。

（1）不适当地冷藏食物（冷藏温度不够）。

（2）在危险温度带范围内贮藏食物。

（3）放置时间过久的食物（使细菌有足够的繁殖时间）。

（4）冷却食物时，放置时间过长。

（5）不适当地加热食物（加热不彻底或低温长时间加热）。

（6）内务管理不善（偶然的污染事故）。

（7）交叉污染（卫生制度不健全，个人卫生习惯不良）。

（8）食品加工或制作人员有感染并且有不良卫生习惯。

（9）已加工的食物被污染。

（五）个人怎样预防食物中毒

（1）饭前便后要洗手。

（2）煮熟后放置2个小时以上的食品，要重新加热到70℃以上再食用。

（3）瓜果洗净并去除外皮后才食用。

（4）不购食来路不明和超过保质期的食品。

（5）不购食无卫生许可证和营业执照的小店或路边摊点上的食品。

（6）不吃已确认变质或怀疑可能变了质的食品。

（7）不吃明知添加了防腐剂或色素而又不能肯定其添加量是否符合食品卫生安全标准的食品。

（六）家庭怎样预防食物中毒

　　首先要按照"个人对食物中毒的预防"方法做，其次家庭所有成员要做到以下几点。

　　（1）使用过农药的蔬菜要在用药15天后再采食。

　　（2）所有蔬菜先用清水浸泡30分钟以上并反复冲洗后再食用。

　　（3）腌制食品时不投亚硝酸盐等防腐剂或色素，家中不存放亚硝酸盐，以防不慎误食。腌菜时选用新鲜菜，多放盐，至少腌30天以上再食用。

　　（4）农药、化肥、柴（煤）油、灭蚊（蝇）剂等有毒、有害物品不放在粮食贮存室里。存放处要上好锁，以免小孩接触到，防止意外污染食品而发生食物中毒事故。

　　（5）煮食用的器皿、刀具、抹布、砧板需保持清洁干净；加工盛放生食与熟食的器具应分开使用。加工、贮存食物一定要做到生熟分开。

　　（6）正确烹调、加工食品。隔夜食品、动物性食品、生豆浆、豆角等必须充分加热煮熟方可食用。

　　（7）冰箱等冷藏设备要定期清洁，冷冻的食品如果超过3个月最好不要食用。

　　（8）不要采集、购买和食用来历不明的食物及死因不明的畜禽或水产品、不认识的蘑菇、野菜和野果。

（9）在外面吃饭，不要选择无证饮食店。

（10）家庭自办宴席时，主办者应了解厨师的健康状况，并临时隔离加工场地，避免闲杂人员进入。

（七）学校食堂食物中毒的预防及控制

1. 原料采购

食堂应从信誉良好的供应商处采购来源可靠的原料和配制物。检查和记录来货，如发现食材没有受到适当保护或已变坏，应当拒绝接收。

2. 食物贮存

将生肉和容易变坏的食物存放在4℃以下。时刻保持"冷食物"常冷（4℃或以下），"热食物"常热（63℃或以上）。将生、熟食物分开贮存。

3. 食物处理及烹调

食材应清洗干净，才可煮用。在烹煮冷藏的肉类和禽类前，应彻底将其解冻，将大块的食材切成小块方可煮用。避免过早预备食物。必须彻底煮熟食物。

4. 环境及用具卫生

　　时刻保持环境整洁，尤其是厨房和厕所。把垃圾及食物残渣放进不透水的垃圾桶内，并将桶盖盖上。厨房和食材贮藏区要防虫、防鼠。保持冰柜运作良好，要勤清洗冰柜及清理积聚在柜内的霜雪。

5.器皿清洁及消毒

存放食品的地方，用清水和洗洁剂将器具洗擦干净，然后用消毒剂或沸水将其消毒。危险的化学品（如消毒剂、杀虫水等）要加上特别标签，或用密封的容器将其存放于厨房外。

6.个人卫生

食堂工作人员工作时须穿上清洁的工作服。手部有伤口及脓疮的，要用防水胶布敷裹。配制食物前后和上完厕所后都要用清水和肥皂洗净双手。打喷嚏或咳嗽时要避开食物，并用纸巾遮盖口鼻，事后要洗手。切勿吸烟，勿用手接触熟食。

（八）发生食物中毒时怎样进行急救

一旦发生食物中毒，最好马上到医院就诊，不要自行服药，若无法尽快就医，可采取如下急救措施。

1. 催 吐

如食物吃下去的时间在 1 ~ 2 小时内，可采取催吐的方法：取食盐 20 克，加开水 200 毫升，冷却后一次喝下；如不吐，可多喝几次，以促呕吐。还可用鲜生姜 100 克，捣碎取汁，用 200 毫升温水冲服。如果吃下去的是变质的荤食，则可服用"十滴水"来促进呕吐。也可用筷子、手指等刺激喉咙，引发呕吐。

2. 导 泻

如果病人吃下食物的时间超过两小时，但精神尚好，可服用些泻药，促使有毒食物尽快排出体外。

3.解　毒

　　如果吃了变质的鱼、虾、蟹等引起食物中毒，可取食醋100毫升，加水200毫升，稀释后一次服下。此外，还可采用紫苏30克、生甘草10克一次煎服。若是误食了变质的饮料或防腐剂，最好的急救方法是用鲜牛奶或其他含蛋白质的饮料灌服。

图书在版编目（CIP）数据

小学生食品安全简明手册 / 周宜人主编.—北京：
中国农业出版社,2021.6
　ISBN 978-7-109-28079-3

　Ⅰ.①小…　Ⅱ.①周…　Ⅲ.①食品安全-少儿读物
Ⅳ.①TS201.6-49

中国版本图书馆CIP数据核字(2021)第055267号

XIAOXUESHENG
SHIPIN ANQUAN JIANMING SHOUCE

中国农业出版社出版
地址：北京市朝阳区麦子店街18号楼
邮编：100125
责任编辑：刁乾超　李昕昱
版式设计：李　爽　责任校对：吴丽婷　责任印制：王　宏
印刷：中农印务有限公司
版次：2021年6月第1版
印次：2021年6月北京第1次印刷
发行：新华书店北京发行所
开本：720mm×960mm　1/16
印张：8
字数：120千字
定价：30.00元